梦想家居
就该这样装！

FRESH & NATURE
—— 清新自然 ——

凤凰空间·天津 编

最实用·最简单·最省钱！
拒当菜鸟，你真正需要的家居宝典！
让你五分钟内变身家居百科达人！

江苏科学技术出版社

Fresh & Nature

清新自然

本书包含地中海、乡村田园两种风格。地中海风格家居通常采用白灰泥墙、连续的拱廊与拱门、陶砖、海蓝色的屋瓦和门窗。当然，设计元素不能简单拼凑，必须有贯穿其中的风格灵魂。地中海风格的灵魂，目前比较一致的看法就是"蔚蓝色的浪漫情怀，海天一色、艳阳高照的纯美自然"。地中海风格的美，包括"海"与"天"明亮的色彩、仿佛被水冲刷过后的白墙、薰衣草、玫瑰、茉莉的香气、路旁奔放的成片花田色彩、历史悠久的古建筑、土黄色与红褐色交织而成的强烈民族性色彩。地中海风格的基础是明亮、大胆、色彩丰富、简单、民族性、有明显特色。重现地中海风格不需要太大的技巧，而是保持简单的意念，捕捉光线、取材大自然，大胆而自由的运用色彩、样式。

田园风格是一种大众装修风格，其主旨是通过装饰装修表现出田园的气息。不过这里的田园并非农村的田园，而是一种贴近自然，向往自然的风格。

田园风格之所以称为田园风格，是因为田园风格表现的主题以贴近自然，展现朴实生活的气息。田园风格最大的特点就是：朴实、亲切、实在。

田园风格的朴实是众多选择此风格装修者最青睐的一个特点，因为在喧哗的城市中，人们真的很想亲近自然，追求朴实的生活，于是田园生活就应运而生啦！喜欢田园风格的人大部分都是低调的人，懂得生活，懂得生活来之不易！

目录
CONTENTS

三味书屋

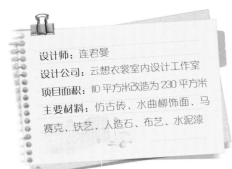

设计师：连君曼

设计公司：云想衣裳室内设计工作室

项目面积：110平方米改造为230平方米

主要材料：仿古砖、水曲柳饰面、马赛克、铁艺、人造石、布艺、水泥漆

本案属于改造项目，设计师在原有构造的基础上，通过一系列设计手段，将面积从110平方米扩充至近230平方米。由于原户型餐厅处是挑高的，外面是露台，设计师通过倒楼板将这部分划入二楼作为主卧室，一楼老人房的斜顶空间也被划入二楼作为主卧卫生间。

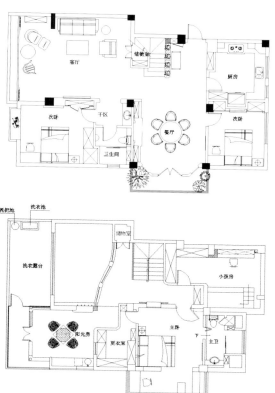

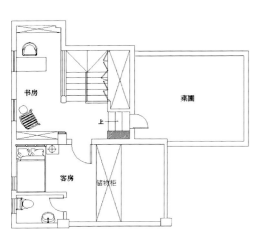

书房

菜圃

上

客房

储物柜

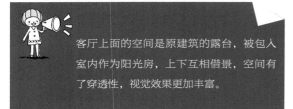

客厅上面的空间是原建筑的露台，被包入
室内作为阳光房，上下互相借景，空间有
了穿透性，视觉效果更加丰富。

 阳光房以玻璃窗为主，顶部为木质隔热材料，一家人在此小聚，其乐融融。

 在色彩上，设计师也进行了巧妙的布局。通过与业主的沟通，设计风格定位于地中海风格。公共区域以蓝色和白色为主色调，而其他房间都有着不同的色彩搭配。

 主卧室以红色为主，温馨浪漫；儿童房以明快简洁的白色系为主，局部饰以红蓝等色，活泼充满童趣。

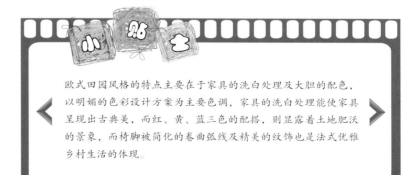

欧式田园风格的特点主要在于家具的洗白处理及大胆的配色，以明媚的色彩设计方案为主要色调，家具的洗白处理能使家具呈现出古典美，而红、黄、蓝三色的配搭，则显露着土地肥沃的景象，而椅脚被简化的卷曲弧线及精美的纹饰也是法式优雅乡村生活的体现。

宠爱地中海

设计师：杨萍

设计公司：厦门镕菲装饰设计有限公司

项目面积：268 平方米

摄影师：李扬

主要材料：仿古砖、原市、马赛克

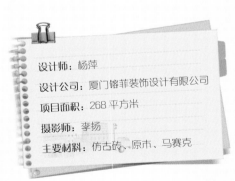

本案户型改动很大，改动后的空间大气开阔，符合客户的气质。设计运用了地中海的元素，白灰泥墙、连续的拱廊与拱门，陶砖、海蓝色的屋瓦和门窗。

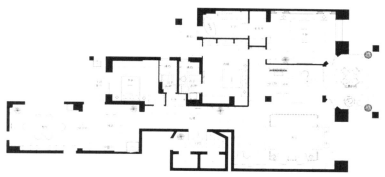

地中海沿岸房屋或家具的线条不是直
直去的，而善于采用弧线或拱门的造
型，显得亲切而自然。

纯白的弧线墙、蓝白相间的地毯、珊瑚
形状的灯饰，为房间增添了一抹地中海
风韵。

 蓝色景中窗式设计的亮点，也是地中海典型的设计元素，线条是构造形态的基础，因而在设计中是很重要的元素。

欧式田园家具多以奶白象牙白等白色为主，高档的桦木、楸木等做框架，配以高档、环保的中纤板做内板，优雅的造型，细致的线条和高档油漆处理，使得每一件摆设都像优雅成熟的淑女含蓄温婉内敛而不张扬，散发着从容淡雅的生活气息，又宛若姑娘十八清纯脱俗的气质，无不让人心潮澎湃，浮想联翩。

地中海热情

设计师：刘勇

设计公司：深圳市三迪设计

本案坚持打造出一种更为干净而和谐的生活空间，在材料的选配上，更加注重细节与整体的融合，使其更加具有浓浓的生活情调。室内的摆件也诉说着一份难得的生活向往之情。当清晨的眼光透过窗户照进来，一抹阳光或许正好落在床头、书桌上、餐桌上……随着一阵风吹起窗帘，一种宁静的气息油然而生。

在现代人所钟爱的基础上，融入一些明快的色彩，使得空间的视觉表现效果更真实有力。设计没有选择太多的摆件，以更加开阔的设计笔法阐述出了空间的空灵之感。借助灯光的辅助，表达一份思考。木质地板的运用加强了人对空间的把控能力。

 厨房以蓝色的瓷砖作为主角，搭配白色的橱柜，蓝天白云的意象组合出了新的观感体验。点缀以绿植，空间更为清新自然。

地中海风格多采用比较低矮的家具,这样可以让视线更加开阔。同时,家具的线条以柔和为主,可以用一些圆形或是椭圆形的木制家具,与整个环境浑然一体。而窗帘、沙发套等布艺品,可以选择一些粗棉布,让整个空间显得更加的古味十足。在图案上,最好是选择一些素雅的图案,这样会更加突显出蓝白两色所营造出的和谐氛围。

墙面的装饰采用了与自然风格十分吻合的装饰画,清新简单的装饰画和原本素雅的墙面搭配,效果也自然的呈现出来了。卧室更加注重睡眠的体验,灯光以柔光呈现,营造出了一个梦幻般的世界。

三盛中央公园

设计师：施传峰 许娜

设计公司：福州宽北装饰设计有限公司

项目面积：105 平方米

主要材料：欧式仿古砖及装饰花片、复合市地板、装饰用条形砖、彩色玻璃艺术灯、色漆

有时候，我们可以安静下来，将事件与焦虑放在身心之外，有的渡口，我们可以停泊下来，并不着急赶往何处，这里会给你以水、浪漫、优雅的遐想……

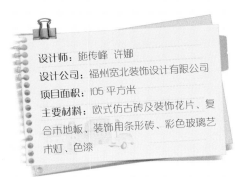

 客厅整体造型设计搭配深色调的色彩突出了设计风格，定制的沙发从色调上呼应了地面的瓷砖，也呼应了整体风格，拱形的门洞隔出了客厅与抬高的休闲区，落地纱帘的色彩透出斑驳的光影效果，随性张贴的生活照片摆放在沙发背景墙上，搭上定制的沙发效果不凡。

餐厅延伸了客厅的设计效果
扇假百叶窗内涂鸦画极具视
伸感，装饰了整个空间。厨
用装饰砖片贴出了混搭的效
半高的门可内外两个方向开
具装饰和实用功能。

书房区域，敞开的书柜透出装饰性很强的砖片背景。

在选色上，一般选择自然的柔和色彩，在组合设计上注意空间搭配，充分利用每一寸空间，且不显局促、不失大气，解放了开放式自由空间，集装饰与应用于一体。在柜门等组合搭配上避免琐碎，显得大方、自然，让人时时感受到地中海风格散发出的古老尊贵的田园气息和文化品位；其特有的罗马柱般的装饰线简洁明快，流露出古老的文明气息。

Fresh & Nature ·

东方名都花园

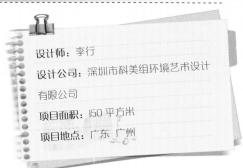

设计师：李行

设计公司：深圳市科美组环境艺术设计
有限公司

项目面积：150 平方米

项目地点：广东 广州

记忆是永恒，蓝色是青春，海水是温柔，一样温柔的是你的眼神。
起风，纱裙飞扬，你转过来的脸庞，忧郁中带着伤，美丽而温婉，
你拉动了我的心弦，我奏响了爱情之乐。这个美丽的画面，一直飘
扬在记忆里。设计者想把它滋生在空间里，做一个有情感的空间。

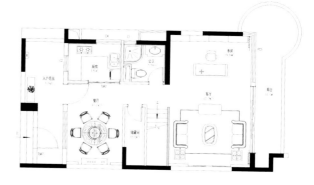

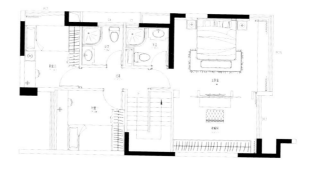

 布艺采用条纹纹样，蓝白相间，小资而慵懒。客厅区域较小，采用拉长的直线条延展空间。

 餐厅相对开放式较封闭，强调了就餐时餐厅的私密性，圆形餐桌
和矩形吊顶一刚一柔相呼应。

厨房墙面用菱形的蓝白瓷砖，让厨房空间明
亮活泼了起来。

地中海风格有三种典型的颜色搭配：蓝与白，黄、蓝紫和绿，土黄和红褐，第一种是比较典型的地中海颜色搭配。

主卧素雅的花藤壁纸，配上纯净的蓝白色调，让整个地中海的风情温柔地表现出来。

纯净爱琴海

设计师：李文彬

设计公司：武汉梵石艺术设计有限公司

项目面积：160 平方米

主要材料：水曲柳，原木，仿古砖

希腊，一个神秘浪漫的国度，一个人可以徜徉在晴朗天空的白云下，乘坐邮轮，游弋在平静幽远的爱琴海中，穿梭于情调各异的悠然小岛，邂逅那一片柔润的、深入心底的蔚蓝。在这里，没有烦恼，没有压力，只有自由自由，尽情的享受着属于自己的悠闲时光。本案的业主，已过了而立之年，有自己幸福的家庭，安稳的工作，终于可以大胆地追求自己心中的品质生活。前期沟通时，业主表示，十分向往地中海的蔚蓝情怀，纯美且干净。于是，在空间上，本案尽量利用原来的结构，做局部处理，使得整个空间统一干净。

 色彩上，围绕着天空蓝和云朵白两个主色调展开，为避免蓝白的单调，局部涂抹一些鲜艳的色彩来润色。

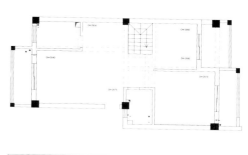

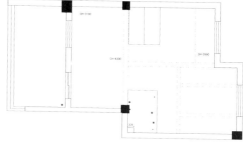

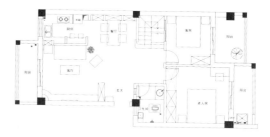

地中海风格对装修装饰的要求很高。这种风格的家居通常采用这几种设计元素：白灰泥墙、连续的拱廊与拱门、陶砖、海蓝色的屋瓦和门窗。当然，设计元素不能简单拼凑，必须有贯穿其中的风格灵魂。地中海风格的灵魂，目前比较一致的看法就是"蔚蓝色的浪漫情怀，海天一色、艳阳高照的纯美自然"。

餐厅是开放式，主题墙用了连续的拱
门，加重了地中海的情调，也可以放
置很多物品。

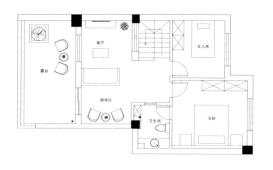

厨房有个小小的吧台，用深色木面体现自然
的原始，小小的一个角落，充满了温馨和惬意。

通往二层的楼梯用了深蓝
色的瓷砖，阶梯逐渐变大，
仿佛是一汪海水顺流而下。

普罗旺斯地中海

设计师：张翼鹏

设计公司：宁波东羽室内设计工作室

项目面积：90 平方米

主要材料：墙纸、彩色乳胶漆、文化石、仿古砖、防腐市、仿古强化地板、石膏顶

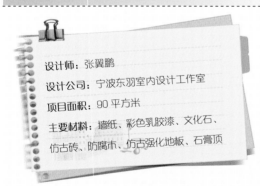

这是一个三口之家，典型 80 后，喜欢个性，偶尔旅游，大部分时间待在家中，喜欢随性，喜欢自然，向往地中海的阳光生活。在这个案例中，定位地中海风格为主线，中间部分穿插普罗旺斯和美式乡村元素，总体来说是地中海混搭风格。

客厅采用地中海经典的白蓝搭配，沙发背景墙做成照片墙，纪录业主的生活点滴，让整个空间充满温馨。

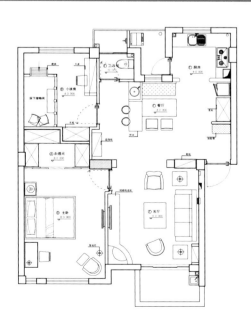

餐厅用传统的的地中海风格，深蓝色和白色搭配，色彩单纯而宁静，象征性的拱门元素加深了地中海的风格。

地中海风格的建筑特色是拱门与半拱门、马蹄状的门窗。
建筑中的圆形拱门及回廊通常采用数个连接或以垂直交
接的方式，在走动观赏中，出现延伸般的透视感。

此外，家中的墙面处（只要不是承重墙），均可运用半穿
凿或者全穿凿的方式来塑造室内的景中窗。这是地中海家
居的一个情趣之处。

主卧背景墙用了田园风的
经典小碎花墙纸，清新淡
雅，表达了田园的风格。

Fresh & Nature ·

蓝色的梦

设计师：潘旭强 刘均如

设计公司：深圳市尚邦装饰设计工程有

限公司

蓝色能展现纯净之感。设计师借助蓝色的色调，在空间中渲染出
了一处纯净的犹如心境之地一般的空间。紫色的薰衣草点缀其
中，让人遥想普罗旺斯；一盏精致的灯，让人想到久远的故事；艺
术鲜花，是曾经的恋人许下的一段情缘。

 空间采用了双色调来实现整体的格调，上面以白色为主，下面以蓝色为主，两种不同感觉的色调很好地表达出了空间的圣洁之感。

主卧用蓝色绒面软包做背景墙，和其他
的白色相称，仿佛海水铺面，怡人清新。
绒面材质给人一种温柔如水的感觉。

蓝与白

这是比较典型的地中海颜色搭配，从西班牙、摩洛哥海岸
延伸到地中海的东岸希腊。希腊的白色村庄与沙滩和碧海
蓝天连成一片，甚至门框、窗户、椅面都是蓝与白的配色，
加上混着贝壳、细沙的墙面，小鹅卵石地面，拼贴马赛克、
金银铁的金属器皿，将蓝与白不同程度的对比与组合发挥
到极致。

 吊顶上的灯光柔和得令人心动；马赛克的运用带来的是一份清新现代的质感；卡通玩偶所诠释的是一份童真的趣味。

书香帘花影

设计师：张翼鹏

设计公司：宁波东羽室内设计工作室

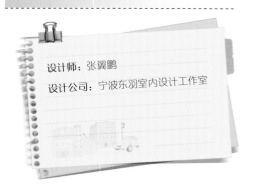

家就是能包容我的性格，让人无拘无束的地方。筑家需要热情，也许也需要冷静。就一如这个世界由许许多多的矛盾体组成，然而方圆之间，矛盾的双方却能幻化成为彼此。

 客厅沙发背景墙用了热烈的砖墙，配以深色的木质地板和电视背景墙，强烈的地中海田园风格扑面而来。

吧台用了经典的黑白搭配，用现代
手法诠释吧台氛围。

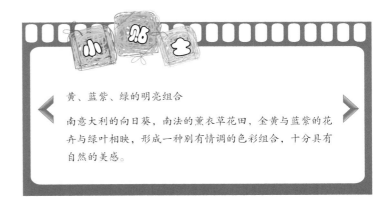

黄、蓝紫、绿的明亮组合

南意大利的向日葵，南法的薰衣草花田，金黄与蓝紫的花卉与绿叶相映，形成一种别有情调的色彩组合，十分具有自然的美感。

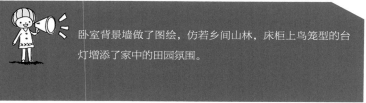

卧室背景墙做了图绘，仿若乡间山林，床柜上鸟笼型的台灯增添了家中的田园氛围。

卫生间墙面和地面用了统一的瓷砖，玻璃的隔断让空间通透，令空间宛若一体。

世茂四期 2 幢

设计师：由伟壮 麻玉婷

设计公司：由伟壮设计

项目面积：135 平方米

项目地点：江苏 常熟

主要材料：乳胶漆、饰面板擦色、墙纸、
文化砖

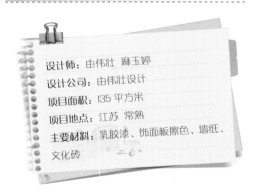

相遇是缘，一切美丽都是生活的恩赐，甜美、温馨和随性的小日子，像是那天上的云朵，舒卷自如，开心快乐，美好的日子也需要适宜的空间诠释，设计师在本案中将爱人之间的爱和对生活的爱，完全融在一点一面中，哪怕是精心安置的小花小草，也似乎是情有独钟，爱上生活，爱上你，独一无二，地中海。

客厅墙面大面积采用明亮的黄色，连续的拱门美化了空间线条，浅色的家具搭配活泼的黄色，怡然自得。

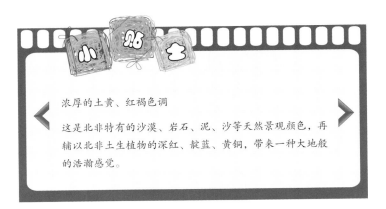

浓厚的土黄、红褐色调

这是北非特有的沙漠、岩石、泥、沙等天然景观颜色，再辅以北非土生植物的深红、靛蓝、黄铜，带来一种大地般的浩瀚感觉。

餐厅采用开放式，让空间通透敞亮，错落的空间用拱门隔开，浅蓝色和明黄色的和谐搭配，仿佛听到了爱琴海的声音。

主卧浅蓝的墙面和明快的黄色，让卧室气氛活跃而富有朝气。

南京瑞园小区

设计师：戴佐平

设计公司：梦中狂想室内设计工作室

项目面积：132 平方米

项目地点：江苏 南京

主要材料：水曲柳浮雕板、塞尚印象仿古砖、爱华橱柜、法国进口壁纸等

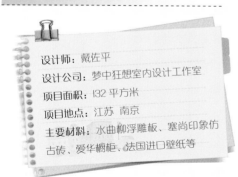

业主夫妇厌倦于传统的装修风格，不喜欢简约，不喜欢中式、欧式，喜欢地中海的蓝色但也不要纯粹的地中海风格，设计师根据业主的喜好，将本案定位于地中海与欧式相互混搭的装修风格。

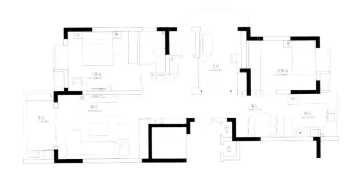

 用多个拱门将空间连接，加强空间的连续性，强调了地中海田园元素，浅蓝色的门框和白墙清新自然。

双开的拱形门扩大书房空间的同时又加了门厅的通透感，简单的颜色让空安宁舒适。

地中海风格在造型方面，一般选择流畅的线条。圆弧形就是很好的选择，它可以放在家居空间的每一个角落，一个圆弧形的拱门，一个流线型的门窗，都是地中海家装中的重要元素。

在客厅与餐厅连接的过道处设置一圆形的空间，使空间路线更具流动性，活泼、自然、和谐。

 厨房和餐厅之间还设置了一个小型吧台，给生活增添了一些情趣。

卧室清爽而简约，舍弃了过多的装饰，吊灯、家具等都为轻快的白色调，为空间渲染出几分典雅的味道。

卫浴间延续了整个空间中白色家具的风格，搭配复古质感的瓷砖，纯粹而质朴。

Fresh & Nature ·

君临天华

设计师：陈立风

设计公司：简风设计工作室

项目面积：120 平方米

项目地点：福建 福州

主要材料：玻化砖、马赛克、水曲柳面板、

烤漆玻璃

蓝色系是营造浪漫气质的最佳选择，如果你迷恋地中海那柔和的海洋，不妨给你的家化一个蓝色迷人的妆容，把心中的美景带到自己的家里去。贪恋浪漫爱琴海的阳光，在无尽的浪漫中驶向湛蓝与纯白中去。如清风拂面般的家，总让人有一丝醉意。甘心情愿的陶醉在这温和、微凉的氛围中。夏日里的干燥、炎热相信都会减半了。

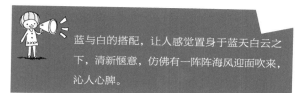

蓝与白的搭配，让人感觉置身于蓝天白云之下，清新惬意，仿佛有一阵阵海风迎面吹来，沁人心脾。

首先把入门的入户花园改设为餐厅，而弧形外墙改为弧形落地窗，并将正对着入口的墙面打通，使得进门后的视线顿显通透明亮，这样不管在实际使用面积上或是视觉感受上都更为宽敞。

 闲暇之余，坐在阳台的藤椅上，呼吸着清新的空气，利用自然的太阳光线，看几本书，喝一杯茶，一个下午就这么随意轻松地度过。

地中海地区盛产灰岩，造就了灰白墙面纯手工抹涂的痕迹，粗糙不平又起伏绵延，显得温和质朴。白墙不经意涂抹修整的结果也形成了一种特殊的不规则表面。

在卫生间的设计上，由于空间太小，卫洁具很难合理分布。设计师建议将洗脸设置在外面，形成干湿分离，不仅合理而且使用更为方便。

海的图案

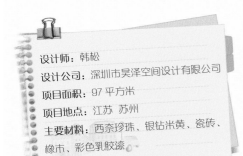

设计师：韩松

设计公司：深圳市昊泽空间设计有限公司

项目面积：97 平方米

项目地点：江苏 苏州

主要材料：西奈珍珠、银钻米黄、瓷砖、橡木、彩色乳胶漆

室内的装饰风格直接反映我们的品位、兴趣和性格，所有艺术设计风格的形成，都是经一代又一代设计师们不断丰满而得来的。

客厅运用了很多怀旧的元素，色调也是高级灰的怀旧色系，让客厅空间仿佛时间凝固一般，温暖而充满回忆。

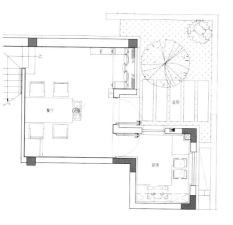

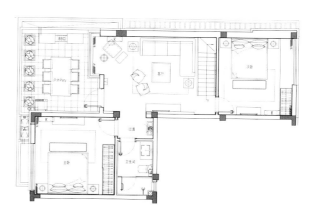

 餐厅的墙面装饰，让人有种仿佛是在大海上航行的感觉，让整个就餐区惬意和休闲，强调了海的主题。

卧室素雅的颜色，没有过多反复的装饰，让休息的区域显得安静整洁和舒心。安静的休息，是这个空间表达的情绪。

在构造了基本空间形态后，地中海风格的装饰手法也有很鲜明的特征。地面则多铺赤陶或石板。马赛克镶嵌、拼贴在地中海风格中是较常见的装饰，主要利用小石子、瓷砖、贝壳类、玻璃片、玻璃珠等素材，切割后再进行创意组合。

沈阳金地长青湾样板间

设计师：陈贻 张睦晨

设计公司：风合睦晨空间设计事务所

项目面积：145 平方米

项目地点：辽宁 沈阳

主要材料：西石材、劳斯米黄石材、珀利
黄石材、瓷砖、实木地板

北美田园风格，自然、舒适是最大的特点，非常契合现代人们的心
理诉求状态，并具备浓厚的异国情调，奢华却不过分张扬，处处
彰显深厚的文化艺术底蕴，在都市生活中仍渗透出悠闲淡定的乡村气息，
显得温馨惬意，淡定自若。空间在低调奢华中处处透出纯粹地道的北美
文化生活气息。让主人在空间中能够放松心情，细细体会内敛的奢华与
浓厚的文化韵味。

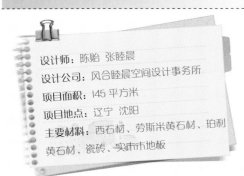

中厨

西厨

客卫

阳光房

消防电梯

餐厅

书房

主卫

衣帽间

客厅

女儿房

主卧室

露台

设计手法上，多选用当地风
的装饰元素，注重宽敞、舒
同时又注重功能型的分割。

整个项目的空间使用暖色调，给人一舒服、温暖的感觉。所有的家具、灯等软装饰品也是经设计师精心挑选的品位产品，室内所有物品完美联系在起，打造了北美田园空间。

室内的软装饰如窗帘、桌巾、沙发套、灯罩等均以低彩
度色调和棉织品为主。素雅的小细花条纹格子图案是主
要风格。

在主卧室与女儿房上，两个空间不忘有一些小的互
动，中间的隔断墙相错着，既为效果添彩也节约了
空间，合理的将两个空间隐形的放大了视觉面积

 设计师在书房前的走廊处做了个隔断，通过书房进入主卧室巧妙地将主卧室更加私密化、情调化，与外界空间有了很好的过渡。与此同时，隔断处的凹龛处理很合适宜的为进门添置了一景，主人下班回来就可以一眼望见，恰到好处的由外界空间转换到温馨的家庭空间，放下包袱，享受都市中的乡村生活。

保利塞纳河畔

设计师：袁仁山

设计公司：仁山设计事务所

项目面积：110 平方米

摄影师：邓金泉

主要材料：法恩莎卫浴、渴望灯饰、优府行软市地板、新中源陶瓷

风格是一种取向，一种方式，一种对生活态度和生活理念的诠释。我们设计的目的不是为了表达某种风格，而是帮助业主表达生活方式。怀旧乡村摒弃了繁琐和奢华，并将不同风格中的优秀元素汇集融合，以舒适机能为导向，强调"回归自然"，使这种宅体变得更加轻松、舒适。

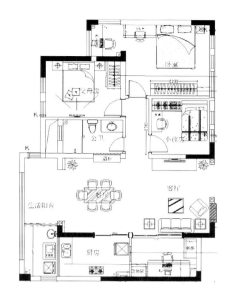

木制的顶，将地中海的味道强烈地表达出来，自然质朴的气息在空间中回荡。

造型简洁的吊灯和怀旧的沙发，让客厅给人一种时光的流逝感，仿佛是时光倒流般的错觉。

独特的锻打铁艺家具，柔曼的曲线造型，也是地中海风格独特的美学产物。可以大胆运用在铁艺的吊灯、花架、烛台等。

同时，地中海风格的家居还要注意绿化，攀藤类植物是常见的居家植物，小巧可爱的绿色盆栽也常看见。

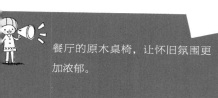

餐厅的原木桌椅，让怀旧氛围更加浓郁。

Fresh & Nature ●

片段的诗

设计师：许志冰

项目地点：福建 厦门

主要材料：强辉瓷砖、小周石材、宜格家具

从浮华走向平实，从喧闹回归宁静。崇尚返璞归真，追求原汁原味的生活方式。这是本次设计的理念。那么，地中海风格和东南亚风格则是不折不扣的代言人。马尔代夫双鱼岛的雅静；印尼巴厘岛古镇乌布的浪漫；又称"绿中海"的邦列岛的蓝天；南法普罗旺斯的薰衣草花田；流淌在南意大利阳光下的黄金——向日葵；希腊宁静优雅的白色村庄；西班牙的白色海岸和沙滩……都是可随意切换的梦境。睡梦间漫步于阳光、蓝天、花田、白云中。

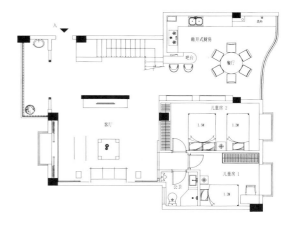

入

敞开式厨房

吧台

餐厅

客厅

儿童房2

1.5M   1.2M

公卫

儿童房1

1.2M

1.3M

工作阳台

中式书房

次卧

书柜

起居室

露台

主卧

2M

公卫

亚风格的特点是：绚丽的自然
，以原木家具为主色调，自然
实。

 白灰泥墙、点点的小花、连续的拱门是地中海蔚蓝色的浪漫情怀，
海天一色，艳阳高照的纯美自然在这里得到完美诠释。

地中海风格的圆镜和质朴做旧的洗手台，让这个角落充满了自然的原始韵味。

镂空的雕花木门将两个空间隔开，但又没有
完全阻隔，更像是一幅用空间作的画。

现代的地中海式的家具受现代简约风格的洗礼，家具制作上，多见曲线弧度的造型，设计于细部工法上，尤其注重柔美线条的运用和一些装饰性题材的发挥。美观、工艺先进，可以长年摆在家中而不感到过时。家具的材质最好采用实木制成，比如橡木或是松木制成的家具，颜色为淡淡的木本色，家具风格简洁随意、线条平直，形式不拘一格。

一号乡村公馆

设计师：非空

设计公司：深圳非空设计工作室

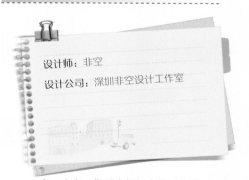

要有一个家，像是度假归来的栖息地；要有一个花园，可以种花、聊天、晒太阳；要有一个大餐厅，周末可以和几个老友喝酒小聚；要有一个壁炉，天凉的时候可以偎着它促膝；要有一面墙，挂着满满的回忆……

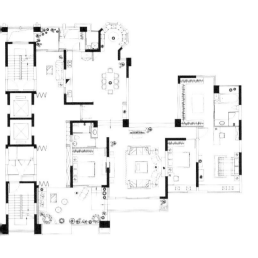

 地中海风格的最大魅力，是来自其纯美的色彩组合。由于光照充足，所有颜色的饱和度也很高，体现出色彩最绚烂的一面。

圆形的休闲室，热烈的红色，让这个[
充满了欢聚的热情。大面积的玻璃窗料
景引入室内，舒适自然。

餐厅和厨房是连通开敞的，强调了空间的通透性和自由性，将混搭的美式精髓运用其中。深色的原木家具，让人觉得安心、质朴和随性。

地中海风格最突出的一种表现形式就是色彩丰富，但是就我们自己的家具而言，却是不可滥用。

家庭里面的主要色调最好不要超过三种颜色，否则就会乱成一团，让人眼花缭乱，视觉心理都很难过。

另外这种风格的本质是贴近自然，所以很多材质体现的大都较为质朴、复古、纯正，在材质的粗犷与细腻上要注意主次搭配。

梦里水乡

项目面积：320 平方米

主要材料：文化石、白洞石、水曲柳、墙纸、仿古砖、实市地板

生活是人生的片段，居所是都市的一隅。然，出则自然，入则繁华。文化、贵气、沉稳、华贵，从不缺乏情调感和自在感，却又不单纯的出发于迎合文化资产者的生活方式的需求。

客厅的主色调以红色、咖啡色为主，款式简单的木架皮布沙发，简洁中同样透露着厚重。随处摆放的绿植，调节着沉稳的颜色和气氛。极具美感和略显现代气息的墙灯营造一片温馨气氛。文化石的背景墙、白洞石的立柱，加以拱门的运用，多元素体现出的文化交融，随时与人在交谈，传达那份独有的美式审美趣味。

与餐厅紧密相连。餐桌
具备典型的美国风情。
厚重的实木桌椅，温馨
。

美式乡村田园风格的家具多使用比较珍贵的实木板材，比如胡桃木、
黑檀木、枫木、桃花芯木、樱桃木等，为了突出材质本身的质感和价
值，它的贴面采用复杂的薄片处理，使纹理本身成为一种装饰

 楼梯过道间，利用不同颜色的墙面，营造出了丰富的层次感。

主卧室去芜存菁的装饰，木
顶框架吊顶，素雅的墙纸、
淡白的窗帘，自然、开阔。

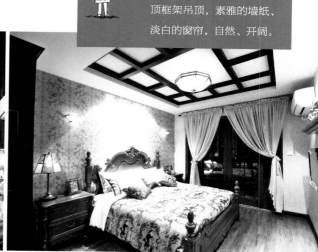

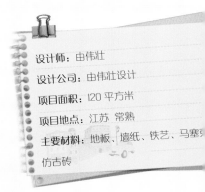

Fresh & Nature •

[摩卡] 中南世纪城

设计师：由伟壮

设计公司：由伟壮设计

项目面积：120 平方米

项目地点：江苏 常熟

主要材料：地板、墙纸、铁艺、马塞克、仿古砖

喜欢地中海的大气，也喜欢美式的风情，不需要刻意去追求什么装修风格，家是我们避风的港湾，也是我们心灵的慰藉，只要它让我们感觉温馨舒适，便足够了。

美式家具，既有北欧简约风格的影子，也有乡村自然田园的面孔，甚至还融合着中式元素的印记。因此，它总给人大气、质朴、随意、自然而又不失贵气的印象，成为很多业主装饰新家的心仪首选。

美式混搭风格，以及色彩造型的独特搭配，
打造一个温馨舒适的家。美式铁艺元素做成
墙面上镂空的窗，将两个空间连接起来。

 火山岩拼贴的电视墙采取弧形处理，背景墙下就是影音、收纳柜的
最佳位置，立面弯曲线条在光线的照射下，产生独特的渐层光影。

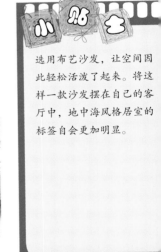

选用布艺沙发，让空间因
此轻松活泼了起来。将这
样一款沙发摆在自己的客
厅中，地中海风格居室的
标签自会更加明显。

美式风格带着一种释然后的豁达，尽现房主之身份，典雅而不过度装饰，低调奢华。家具、地板都留下故意作旧的使用痕迹，是注重文化和历史的象征，也是不忘崇尚自然的原则，因此美式家居的细节很多都是感人和温馨的。设计师尽量保留原始建筑风格，用材质朴，造型讲究，以高品质的定位，塑造居室文化。

女儿房用清新的浅色调和小碎花，尽显
女儿娇态而又不觉得俗气。明亮的空间，
让人心情大好。

启秀花苑样板房

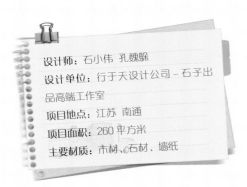

设计师：石小伟 孔魏躲

设计单位：行于天设计公司－石子出品高端工作室

项目地点：江苏 南通

项目面积：260 平方米

主要材质：木材、石材、墙纸

美式乡村风格，是美国西部乡村生活方式演变到今日的一种形式，它在古典中带有一点随意，摒弃了过多的繁琐与奢华，兼具古典主义的优美造型与新古典主义的功能配备，既简洁明快，又温暖舒适。

本案具有很强烈的美式休闲风情，热情洋溢、自由
奔放、色彩绚丽而和谐。 设计师巧妙的捕捉光线，
取材于自然，以艺术诠释浪漫神韵、灵性与品位。

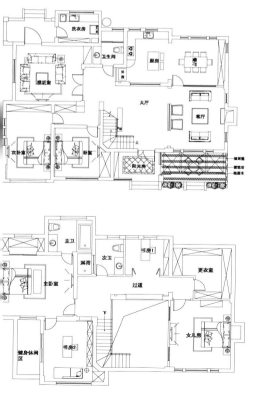

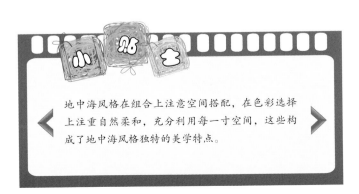

地中海风格在组合上注意空间搭配，在色彩选择
上注重自然柔和，充分利用每一寸空间，这些构
成了地中海风格独特的美学特点。

旦而自由的运用色彩、造型，
其是柔美线条的运用与一些
布性题材的发挥，使人觉得
走经年累月也依然令人心动。

 异域的生活风情，自由休闲的生活方式都是现代都市生活的追求，渴望归于平静舒缓的栖地。温馨的色调，精致的摆件，繁花绿草，都在说着都市里一种休闲的生活方式。

放轻松

设计师：朱林海

设计公司：林海工作室

项目面积：300 平方米

主要材料：抽丝松市、玻璃、素水泥、
彩色涂料

这个家，面积的尺度足以放置丰富的物件和色彩，然而主人却选择了轻质的格调。以此为轴，设计师将浅色系灵活运用，并用古朴材质适时点缀，让整个空间的质感不骄不躁。此外，留白的氛围拥有了强大的张力，让人延伸出思考的空间。而作为观者的我们，也从中感受到一种宁静的力量，一种自我的延伸。

 设计师将浅色系灵活运用，并用古朴材质适时点缀，让整个空间的质感不骄不躁。此外，留白的氛围拥有了强大的张力，让人延伸出思考的空间。

 白色与木色是一楼区域的基调，各个功能区域之间没有硬性的阻隔，空气和气场得以自由的游走。在这样的环境中很容易让人放慢生活的节奏，并让都市人常有的繁杂情绪渐渐消逝。

在入口区域处，墙面与吊顶的⋯
既起到了装饰的作用，也延伸⋯
间的视觉。这个细节处的设计⋯
一部电影的开场，让人满心期⋯
在这个画面里，浅色的木质柜⋯
配着白色器皿、花瓶、装饰画⋯
旁还摆放着一把古典韵味的椅⋯
亦中亦西，亦古典亦田园的景⋯
家散发出一种淡然微妙的感觉。

与入门区域之间通过一个白色的台面做
。台面高度与沙发齐平，设计师模糊了
之间的界定，欣赏的视野得到充分的满
台面上放置若干绿植，清爽的气质便油
生。棕色的皮质沙发是客厅中浓墨重彩
笔，鲜明的体量让其成为视觉的中心，
得轻质的空间氛围有了落脚点。以此同
白色的矮椅、黑白的地毯、木质的茶几，
与沙发一同构成了客厅的主体，而色彩
质的反差则衍生出别样的居住气质。

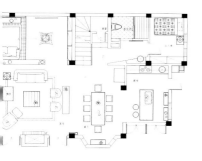

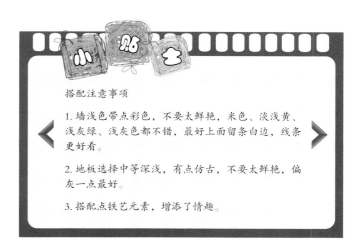

搭配注意事项

1.墙浅色带点彩色，不要太鲜艳，米色、淡浅黄、浅灰绿、浅灰色都不错，最好上面留条白边，线条更好看。

2.地板选择中等深浅，有点仿古，不要太鲜艳，偏灰一点最好。

3.搭配点铁艺元素，增添了情趣。

餐厅与客厅之间的划分延续了先前的手法，只不过这次的媒介换成了木质台面。古朴自然的肌理搭上白色花瓶中的枯枝，如同雕塑一般，悄然打动着人们。台面与玻璃门之间的区域，是一个类似天井的结构。挑高的空间让阳光自由的铺洒在周遭，同时也满足了上下空间的交流。结构的独特优势在餐厅中继续发挥，餐厅中的墙体结构呈不规则的围合形状。在这个功能区域中的陈设也经过精心的挑选与搭配，餐桌上方的吊灯以若干原始灯泡组成，下垂式的设计为其增添了趣味。

 卧室的设计简洁凝练，各式家具的摆放丝毫不拖沓。木质元素依然是空间的主要组成部分，这些物件洗去了时光的束缚，用新的姿态焕发出时代的活力。床铺与床品选择了灰色系，沉稳而大气。背景墙面的处理颇为新颖，用环保腻子胶和水泥混合打底，然后打磨，面饰用闪光银喷漆。

集美泉水湾

设计师：许志冰

项目面积：150 平方米

主要建材：实市面深色做旧家具、自然边仿古砖、花鸟壁纸

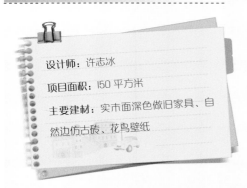

本案位于厦门集美大学附近，是一套四室的房子，有着非常优越的地理位置。本案从设计理念的形成到最后的施工完成共花费了将近一年的时间。最终打造出一个多色彩、多形态且低调、舒适、素雅的居家空间。

客厅部分采用了壁纸和白色木作, 旨在营造一个轻松、雅致的居家空间。墙面的花鸟壁纸则为整个空间注入了一股清新自然的气息。白色的雕像与墙面的白色木作相呼应, 可说是房子的亮点之一。

书房与餐厅之间原有的水泥墙
白色木作隔断与玻璃代替，巧
的将书房、餐厅以及厨房区域
成一体，空间则不再那么拘谨
再与客厅结合后形成了一个宽
的休闲空间，可供屋主及家人
闲、娱乐、阅读或接待客人，
能完备。

沙发背景的木作格子与壁纸打破了空间的沉闷，灵动了空间。
吊顶采用白色木作雕花构成，四周的雕花与吊顶楼板形成
45°夹角，这样保证了空间的高度。从而营造成了一个独特且
轻松舒适的休闲娱乐空间。

 沿着过道再往前则是业主的私人空间。其中包括主卧室、卫生间、儿童房、次卧室。私人部分与公共部分相比则是另一种风情，私人空间采用简洁、明快的手法，但又不失居家气息。

Fresh & Nature ·

宁波东方湾邸某宅

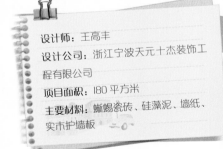

设计师：王高丰

设计公司：浙江宁波天元十杰装饰工程有限公司

项目面积：180 平方米

主要材料：蜥蜴瓷砖、硅藻泥、墙纸、实木护墙板

美式乡村风格主要起源于十八世纪。这种风格摒弃了繁琐和奢华，并将不同风格中的优秀元素汇集融合，强调"回归自然"，这样的理念使这种风格变得更加轻松、舒适。家具颜色多仿旧漆，式样厚重。有着抽象植物图案的清淡优雅的布艺点缀在美式风格的家具当中，营造出闲散与自在，温情与柔软的氛围，给人一个温暖的家。

这套融美式风格与地中海风格为一体的住宅中，通过文化混搭和材质的运用，空间氛围耐人寻味。

餐厅质朴的木质家具和横梁，营造了悠阳
舒适的空间，将地中海悠闲自得的主题记
释了出来。

手工仿古砖、硅藻泥以及大胆的色彩运用
让空间整体氛围显得亲切。地中海元素
提炼与美式特有的门拱形成结合，营造
极度舒适且富有情趣的室内情景。

手间墙面用地中海代表色的浅蓝

，让整个空间清凉通透。

图书在版编目（CIP）数据

清新自然 / 凤凰空间·天津编 . -- 南京 ： 江苏科
学技术出版社，2013.10
（梦想家居就该这样装！）
ISBN 978-7-5537-1934-4

Ⅰ．①清… Ⅱ．①凤… Ⅲ．①住宅－室内装饰设计－
图集 Ⅳ．① TU241-64

中国版本图书馆 CIP 数据核字（2013）第 208358 号

梦想家居就该这样装！
清新自然

编　　　者	凤凰空间·天津	
项 目 策 划	陈　景	
责 任 编 辑	刘屹立	
特 约 编 辑	何红娟	
责 任 监 制	刘　钧	

出 版 发 行	凤凰出版传媒股份有限公司
	江苏科学技术出版社
出版社地址	南京市湖南路1号A楼，邮编：210009
出版社网址	http://www.pspress.cn
总 经 销	天津凤凰空间文化传媒有限公司
总经销网址	http://www.ifengspace.cn
经 销	全国新华书店
印 刷	北京建宏印刷有限公司

开　　　本	710 mm×1 000 mm　1／16
印　　　张	8
字　　　数	64 000
版　　　次	2013年10月第1版
印　　　次	2013年10月第1次印刷

标 准 书 号	ISBN 978-7-5537-1934-4
定　　　价	29.80元

图书如有印装质量问题，可随时向销售部调换（电话：022-87893668）。